Victor R. Otu

Produkcja pianki poliuretanowej

Victor R. Otu

Produkcja pianki poliuretanowej

Użycie Aktywowanego Łuku Ryżowego jako wypełniacza

Wydawnictwo Bezkresy Wiedzy

Imprint
Any brand names and product names mentioned in this book are subject to trademark, brand or patent protection and are trademarks or registered trademarks of their respective holders. The use of brand names, product names, common names, trade names, product descriptions etc. even without a particular marking in this work is in no way to be construed to mean that such names may be regarded as unrestricted in respect of trademark and brand protection legislation and could thus be used by anyone.

Cover image: www.ingimage.com

This book is a translation from the original published under ISBN 978-620-0-45852-0.

Publisher:
Wydawnictwo Bezkresy Wiedzy
is a trademark of
Dodo Books Indian Ocean Ltd., member of the OmniScriptum S.R.L Publishing group
str. A.Russo 15, of. 61, Chisinau-2068, Republic of Moldova Europe
Printed at: see last page
ISBN: 978-620-0-81062-5

BADANIE WPŁYWU AKTYWOWANEJ ŁUSKI RYŻOWEJ, OLEJU SILIKONOWEGO I WĘGLANU WAPNIA NA PRODUKCJĘ ELASTYCZNEJ PIANKI POLIURETANOWEJ

BY

ZWYCIĘZCA RUPERTA OTU

(2010/1/35776EH)

PROJEKT ZGŁOSZONY DO

DZIAŁ INŻYNIERII CHEMICZNEJ

FEDERALNA POLITECHNIKA, MINNA

NIGER STATE.

W CZĘŚCIOWYM SPEŁNIENIU WYMOGU DOTYCZĄCEGO

TYTUŁ LICENCJATA INŻYNIERA (B.ENG) W ZAKRESIE

INŻYNIERIA CHEMICZNA

DYDYKACJA

Ta teza jest poświęcona Bogu Wszechmogącemu, który przez cały czas trwania tego programu jest w stanie udzielić wystarczającej łaski. A także mojemu ojcu, matce, rodzeństwu i przyjaciołom za ich nieustanną miłość i wsparcie w realizacji tego projektu.

POTWIERDZENIE

Wszystkie pochwały i adorację należy przypisać Bogu Wszechmogącemu, twórcy wszechświata, władcy świata, w którym znajduję pokój. Uwielbiam Go za to, że pomagał mi od początku mojego istnienia do tej właśnie chwili.

Doceniam wysiłek mojego sympatycznego i kompetentnego opiekuna dr E.A. Afolabi, który prowadził, monitorował i przyczynił się do sukcesu tej pracy. Modlę się, abyście nieustannie prosperowali w imię Boga.

Doceniam Engr. Musę, kierownika oddziału Mouka Company Kaduna, pana George'a, Engr. Jamesa, pana Petera i wszystkich pracowników oddziału Mouka Company Kaduna za ich wkład i pomoc w osiągnięciu sukcesu tego projektu. Mówię, że Bóg w Swoim nieskończonym miłosierdziu będzie nadal spryskiwał was wszystkich pragnieniami serca.

Doceniam wysiłek pana Bulusa, technika laboratoryjnego WAFT, Szkoły Rolniczej i Technologii Rolniczej, niech Bóg błogosławi was obficie za waszą bezinteresowną służbę.

Doceniam moich rodziców, pana i panią Michael Otu za opiekę rodzicielską, miłość i wszechstronne wsparcie od urodzenia do tej właśnie chwili. Dzięki ich modlitwom, miłości, pomocy fizycznej i finansowej doszedłem tak daleko. Modlę się, aby Bóg w Swoim nieskończonym miłosierdziu pobłogosławił ich pragnieniami serca i nie tylko, utrzymał ich w dobrym zdrowiu i przedłużył ich pobyt na ziemi, aby mogli cieszyć się owocami ich porodu, amen.

Do mojego rodzeństwa, doktora Paula, Joya, Jude'a, Jerry'ego i Goodness'a, którzy pomagali mi w różnych dziedzinach, modlę się, aby Bóg wam wszystkim pobłogosławił. Twoja miłość nigdy nie zostanie zapomniana.

Moim kolegom, przyjaciołom i sympatykom, którzy w taki czy inny sposób przyczynili się do sukcesu tej pracy, dziękuję i niech Bóg was wszystkich błogosławi. Mojej bardzo dobrej przyjaciółce Debrah Baidom dziękuję i niech Bóg was błogosławi.

Wreszcie, moje podziękowania kieruję do mojego H.O.D.; Dr. A.S Kovo, mojego doradcy poziomu Dr. E. A Afolabi i wszystkich pracowników działu inżynierii chemicznej, mówię, niech Bóg Wszechmogący nagrodzi was wszystkich obficie.

ABSTRACT

Prace badawcze nad produkcją elastycznej pianki z wykorzystaniem łuski ryżowej jako wypełniacza zostały pomyślnie przeprowadzone przy użyciu poliolu, diizocyjanianu toluenu, aktywowanej łuski ryżowej, oleju silikonowego, oktoatu cyny, aminy i wody.

Celem pracy było zbadanie wpływu łuski ryżowej, oleju silikonowego i węglanu wapnia na elastyczną piankę poliuretanową. Łuska ryżowa została zebrana, przesiana do wielkości cząstek 500µm i aktywowana. Trzy parametry były zróżnicowane: zawartość wypełniacza, oleju silikonowego i węglanu wapnia w czasie eksperymentu. Przygotowując próbkę pianki skrzynkowej, poliol mieszano z napełniaczem w różnych ilościach i mieszano w sposób ciągły, dodając inne środki chemiczne. Po odpowiednim wymieszaniu dodano diizocyjanian toluenu i mieszano przez sześć sekund, a następnie zawartość tę wprowadzano do pudełka. Gęstość pianki w pudełku zwiększała się wraz ze wzrostem zawartości wypełniacza z zestawem kompresyjnym, który był najwyższy przy zawartości wypełniacza 200g. Zmienność oleju silikonowego była odwrotnie proporcjonalna do testu twardości, gęstości i zestawu ściskającego. Próbka A porównana korzystnie z normą, jednak przy 5% zawartości oleju silikonowego, uzyskana analiza pianki skrzynkowej dała wysoką gęstość i nośność wskazującą na zdolność do zastąpienia 5% oleju silikonowego w preparacie popiołem z łuski ryżu.

W oparciu o wyniki tego badania, aktywowany ryż może skutecznie zastąpić 5% oleju silikonowego w formie pianki, a także służyć jako pigment ze względu na jego szary wpływ na piankę.

ROZDZIAŁ 1

1.0 WSTĘP

1.1 Informacje ogólne dotyczące badania

1.1.1 Ryżowa łuska

Ryż (*Oryza sativa*) jest nazwą gospodarstwa domowego w świecie globalnym i główną rośliną spożywczą należącą do rodziny zbóż. Odpowiada to jej dużej produkcji, która wynosi około 634 milionów ton rocznie (Turmanova *i in.*, 2012). Przetwarzanie ryżu może odbywać się lokalnie lub za pomocą maszyny do mielenia, w zależności od skali produkcji. Przez miejscowych ryż jest najpierw parzony na patelni, co powoduje oddzielenie łuski i wypuszczenie jej na powierzchnię, która następnie zostaje wydobyta z wody, wysuszona i wykorzystana jako pasza dla bydła. Ze względu na dużą wielkość produkcji ryż ten stanowi jeden z głównych odpadów rolniczych.

Łuski ryżowe są naturalną powłoką, zdrewniałą, nierozpuszczalną w wodzie, żółtawą, twardą, nieco większą niż ziarno ryżu, która w czasie wzrostu otacza ziarna ryżu i charakteryzuje się wysokim odsetkiem krzemionki amorficznej wynoszącym około 85 -90% o strukturze celulozowej (Turmanova., 2012). Jego głównymi składnikami są lignina (22%), pentonany (18%), popiół (20%), wilgoć (2%) oraz celuloza (38%) Majhi *et al (*2012), Raju *et al* (2012), która kwalifikuje ten materiał jako potencjalny wypełniacz do produkcji pianek poliuretanowych.

W skali globalnej, według doniesień, w 2005 r. przetworzono około 628 mln ton ryżu niełuskanego, przy czym w 2006 r. nastąpił wzrost o 1%, co dało liczbę 634 mln (Turmanova *i in.,* 2012). Shukla (2011) poinformował, że 20 % ryżu niełuskanego produkowanego na świecie to łuska, co oznacza, że rocznie produkuje się 120 mln ton łuski ryżu. W Nigerii przetwarzanie ryżu niełuskanego wynosi od 3,4 do 4,5 mln ton rocznie, co daje ilość łusek ryżu produkowanego rocznie do 990 tys. ton (Abalaka., 2012).

W wyniku kontrolowanego spalania łuski ryżu powstaje popiół z łuski ryżu, węgiel aktywny, który zawiera około 85 - 90% krzemionki amorficznej. Do wytworzenia popiołu z łuski ryżowej potrzebny jest odpowiedni czas i odpowiednie ciepło. Popiół z bogatej łuski może mieć liczbę blasku około 3600, co sprawia, że jest drobniejszy od cementu i dobrze nadaje się do uszczelniania pęknięć w domach. Ma większą siłę penetracji w porównaniu z konwekcyjną mieszanką cementu piaskowego.

Zainteresowanie stosowaniem naturalnych wypełniaczy jest podyktowane ich ogromnymi zaletami, do których należą: niski koszt, dostępność, niska gęstość, biodegradowalność, odnawialność, niska ścieralność i wysoka wytrzymałość właściwa. Ich zastosowanie jako funkcjonalnych materiałów przemysłowych, daje korzyści ekonomiczne i ekologiczne (Turmanova *i in.*, 2012). W innych przypadkach, w celu optymalizacji produkcji poprzez minimalizację kosztów przy maksymalizacji zysku, konieczne jest rozważenie wykorzystania tej pozostałości w recepturach do produkcji pianek poliuretanowych.

Produkcja pianki poliuretanowej różni się w zależności od jej przeznaczenia, w zasadzie istnieją dwa rodzaje pianki poliuretanowej: elastyczna i sztywna. Pianka elastyczna jest produkowana do stosowania w samochodach, sofach, jako materace itp. Produkowana jest przy użyciu poliolu, cyny, TDI, aminy, wody, między innymi chemikaliów. Wypełniacze są czasami używane w produkcji pianki w celu zmniejszenia kosztów, a także zwiększenia gęstości i wytrzymałości produktu, przemysł używa wypełniaczy do modyfikacji właściwości materiałów w celu osiągnięcia stabilności. Dokonano wielkich osiągnięć w zakresie stosowania wypełniaczy, godne uwagi zmiany obejmują wykorzystanie materiałów nieorganicznych, takich jak dolomit, węglan wapnia, dwutlenek tytanu, krzemionka glinu i talk, podczas gdy materiały organiczne to włókna naturalne i sadza (Usman *i in.*, 2012).

Elastyczne pianki poliuretanowe dzielą się szeroko na dwie grupy, do których należą pianki poliestrowe i polieterowe. Najnowszy typ polieteru jest powszechnie produkowany w większych ilościach ze względu na swoją przewagę nad piankami poliestrowymi. Tworzenie pianki poliuretanowej przechodzi w zasadzie dwie reakcje: polimeryzację i rozdmuchiwanie. Reakcja polimeryzacji jest zasadniczo reakcją tworzenia polimeru. W tym przypadku dwufunkcyjny izocyjanian reaguje etapami z alkoholem wielofunkcyjnym, tworząc złożoną strukturę polimeru. Z kolei reakcja rozdmuchiwania jest reakcją pomiędzy wodą a di-izocyjanianem toluenu, która wytwarza gaz potrzebny do rozprężania piany i tworzenia się komórek.

W pracy tej porównano wpływ aktywowanej łuski ryżu jako wypełniacza w produkcji elastycznej pianki poliuretanowej w porównaniu z powszechnie stosowanym węglanem wapnia oraz wpływ oleju silikonowego w produkcji elastycznej pianki. Łuska ryżowa, która jest odpadem rolnym, jest łatwo dostępna, tania i zawiera około 85% krzemionki amorficznej. Włączenie aktywowanej łuski ryżowej jako wypełniacza do produktów poliuretanowych obniży całkowite koszty produkcji, zwiększając tym samym generowanie zysków.

1.2 Stwierdzenie problemu

Ze względu na wysoki koszt wypełniaczy stosowanych do produkcji pianek poliuretanowych, istnieje potrzeba zastąpienia tych wypełniaczy alternatywnymi tanimi materiałami, które są stosunkowo dostępne. Łuska ryżowa stanowi duże wyzwanie i zagrożenie dla środowiska, dlatego jej utylizacja jest przedmiotem troski. W niniejszej pracy badawczej bada się możliwość wykorzystania aktywowanej łuski ryżowej jako wypełniacza w produkcji pianki poliuretanowej. Pozwoli to obniżyć koszty produkcji, a tym samym zminimalizować zanieczyszczenie środowiska przez łuskę ryżową.

1.3 Uzasadnienie badania

Poniższe punkty uzasadniają tę pracę badawczą;

- Głównie dostępna jest łuska ryżowa, której roczna produkcja szacowana jest na 990.000 ton (Abalaka., 2012).
- W Nigerii te odpady rolnicze są zwykle wykorzystywane jako paliwo, a popioły powstające w wyniku tego procesu stwarzają problemy środowiskowe.
- Rezultatem tych prac badawczych, jeśli zostaną wdrożone, będzie zmniejszenie zanieczyszczenia środowiska, przy jednoczesnym obniżeniu kosztów produkcji pianek poliuretanowych.
- Łuski ryżowe stały się ostatnio atrakcyjne dla naukowców, badaczy i inżynierów ze względu na ich niski koszt, wysoką wytrzymałość właściwą, dobre właściwości mechaniczne, nieścieralne, biodegradowalne i przyjazne dla środowiska. Dzięki temu stanowią one dobry zamiennik jako wypełniacz do wzmacniania kompozytów, do

konwencjonalnych włókien takich jak aramid, węgiel i szkło (Wang i in., 2004).

- Kompozycja amorficznej krzemionki obecnej w łupinie ryżu sprawia, że jest to dobry surowiec z wyboru. Odgrywa istotną rolę w przemyśle tworzyw sztucznych i gumy, jest również ważnym materiałem wyjściowym w półprzewodnikach. (Olawale *i in*., 2012; Shukla, 2011; Turmanova *i in*., 2012).

- Nie zaleca się stosowania łuski ryżowej jako paszy dla bydła, ponieważ zawiera ona celulozę, a inne składniki cukru są stosunkowo niskie (Shula 2012).

- W sprawozdaniu stwierdzono, że wzmacniające działanie łuski ryżu jest lepsze w porównaniu z syntetycznymi wypełniaczami, takimi jak węglan wapnia i talk (Phrommedetch *i in.,* 2012).

1.4 Cele i zadania badania

1.4.1 Cel

Celem tej pracy badawczej jest:

- Badanie wpływu łuski ryżowej, oleju silikonowego i węglanu wapnia na elastyczną piankę poliuretanową.

1.4.2 Cele

Celem tej pracy badawczej jest:

- Produkcja i charakterystyka popiołu z łuski ryżowej.

- Produkcja i charakterystyka węgla aktywnego produkowanego z łuski ryżu.

- Produkcja elastycznej pianki poliuretanowej o gęstości 20 kg/m^3 przy różnym składzie węgla aktywnego, oleju silikonowego i węglanu wapnia.

- Charakterystyka gęstości 20 kg/m^3 elastycznej pianki poliuretanowej produkowanej przy różnym składzie węgla aktywnego, oleju silikonowego i węglanu wapnia.

- Porównanie zestawu do ściskania, testu twardości i gęstości wyprodukowanej pianki z wartościami standardowymi w literaturze.

1.5 Zakres badania

Prace te koncentrują się przede wszystkim na badaniu wpływu aktywowanej łuski ryżowej, oleju silikonowego i węglanu wapnia na produkcję elastycznej pianki poliuretanowej oraz wpływu, jaki wywiera ona na właściwości chemiczne i mechaniczne elastycznej pianki poliuretanowej na bazie polioli i ograniczają się do produkcji i charakterystyki elastycznej pianki poliuretanowej o gęstości 20 kg/m3 ze zmiennym udziałem węgla aktywnego, oleju silikonowego i węglanu wapnia.

ROZDZIAŁ II

2.0 PRZEGLĄD LITERATURY

2.1 Poliuretan - wprowadzenie ogólne

2.1.1 Czym jest poliuretan

Poliuretany są polimerami, podobnie jak wszystkie inne tworzywa sztuczne, powstającymi w wyniku reakcji diizocyjanianu z szeregiem polioli zawierających grupy 'NHCOO' i 'OH', składają się z łańcucha jednostek organicznych połączonych karbaminianem. Poliuretany powstają w wyniku połączenia monomerów o wyższej funkcyjności. Pianki poliuretanowe mają wspaniałe właściwości, począwszy od niskiego przewodnictwa cieplnego, które wynika z obecności szkieletu zbudowanego z mniej lub bardziej regularnych komórek, które mogą być otwarte lub zamknięte, a także z jego zdolności do wytrzymywania i pochłaniania dużej ilości energii (Silva *i in.,* 2013).

Poliuretan ma szeroki zakres zastosowań w odniesieniu do odczynników chemicznych stosowanych w ich syntezie, począwszy od produkcji płyt izolacyjnych ze sztywnej pianki, elastycznych, wysokoelastycznych siedzeń piankowych, siedzeń samochodowych, mebli, pianek, elastomerów, klejów i wielu innych. Poliuretany są również szeroko stosowane w wielu gałęziach przemysłu do produkcji obuwia jako izolatory termiczne (Bernardini 2014).

2.2 Klasyfikacja pianki poliuretanowej

Pianka poliuretanowa wykonana jest z różnych typów polimerów połączonych łącznikami uretanowymi, które mogą być elastyczne lub sztywne w zależności od potrzeb. Każdy z nich ma swoje specyficzne cechy i zastosowanie.

2.2.1 Elastyczna pianka poliuretanowa

Elastyczne poliuretany to miękkie pianki blokowe, które posiadają rozciągliwe łańcuchy nadające polimerowi elastyczność. Właściwości elastyczne pianki elastycznej zależą od rozdzielenia faz pomiędzy domenami twardymi i miękkimi (Bernardini *i in.*, 2014).

Elastyczne pianki poliuretanowe dzielą się dalej na dwie grupy: pianki poliestrowe i polieterowe. Poliester, będący najnowszym rodzajem pianki poliuretanowej, jest preferowany i produkowany w przemyśle produkcji pianek poliuretanowych w Nigerii. Przykłady tego typu pianek znajdują zastosowanie m.in. w siedzeniach samochodowych, poduszkach, a także w torbach poliuretanowych i obuwiu.

2.2.2 Poliuretan sztywny

Sztywne poliuretany to pianki twarde blokowe, które są fizycznie usieciowane, co nadaje polimerowi twardość (Bernardini *i in.*, 2014). Pianka sztywna składa się z dwóch typów polimerów: poliizocyjanurowego i poliuretanowego, ale różni się od siebie sposobem produkcji i działaniem. W przypadku zastosowań w konstrukcjach kompozytowych, izolatorach w lodówkach, do produkcji uchwytów do rakiet tenisowych, nie można nadmiernie podkreślić zastosowania sztywnej pianki poliuretanowej.

2.3 Chemia poliuretanu

Produkcja poliuretanu wymaga wcześniejszej wiedzy na temat chemii procesu i funkcji każdego z zastosowanych chemikaliów. Pomoże to pianiście w tworzeniu dobrych receptur wymaganych do wyprodukowania najlepiej dobranej pianki, a także w razie potrzeby w dostosowaniu jej do potrzeb. Substancja chemiczna stosowana w produkcji pianek poliuretanowych obejmuje;

- **Poliol**: Należy do grupy alkanolowej, jest główną substancją chemiczną wykorzystywaną w procesie spieniania i jest zawsze potrzebny w dużych ilościach 100 PPHP, ponieważ przypisuje się mu właściwości fizyczne pianki. Jest on również mieszany w proporcjach z aminą i cyną przed spienianiem.

- **TDI**: Jest to kwaśny związek chemiczny, który wytwarza gaz CO_2 w reakcji z wodą w procesie utwardzania, reaguje również z poliolem tworząc polimer (cewka moczowa). Na tym etapie zachodzi sieciowanie, a stopień usieciowania decyduje o twardości produkowanej pianki, jest on również wykorzystywany do utwardzania polieteru powstającego w procesie spieniania.

- **Woda**: Woda jest jednak potrzebna do produkcji pianki poliuretanowej, jest niezbędna do produkcji dwutlenku węgla, który w reakcji z diizocyjanianem toluenu służy jako czynnik wzrostowy w procesie formowania pianki. Woda powoduje również powstawanie amin pierwszorzędowych, które tworzą wiązania mocznikowe przy dalszej reakcji z izocyjanianem. Należy jednak uważać, aby ilość wody nie przekroczyła wymaganej proporcji.

- **MC**: Chlorek metylenu jest stosowany jako środek płuczący po procesie spieniania, aby zapobiec przywieraniu i blokowaniu się pozostałości po procesie chemicznym. Służy on również jako zamiennik wody, gdy ilość wody przekracza 5 gramów na każde 100 gramów poliolu, zazwyczaj 1 gram wody jest zastępowany 7 gramami chlorku metylenu.

- **Amina**: Służy jako aktywator w procesie wytwarzania pianki poliuretanowej poprzez przyspieszenie całego procesu, działa jako środek przedłużający i utwardzający łańcuch podczas produkcji poliuretanu, który tworzy piankę.

- **Stannous Octoate**: Jest to katalizator organotynowy, jego obecność wpływa na spójność, a także zwiększa twardość pianki. Trzyma połączenia i pomaga w tworzeniu porów w piance.

- **Olej silikonowy**: Jest to złotożółty, lekko lepki płyn, który stabilizuje proces produkcji pianki poliuretanowej. Silikon w formule pianki poliuretanowej działa jak środek powierzchniowo czynny, który emulguje, łącząc wszystkie pozostałe składniki w jednorodną całość, obniża napięcie powierzchniowe pianki poliuretanowej, a także wspomaga tworzenie się pęcherzyków i zapobiega zapadaniu się komórek podczas wznoszenia.

- **Filler**: Są to drobne, obojętne związki nieorganiczne, które są wprowadzane do preparatów pianki w celu zwiększenia jej gęstości, tłumienia dźwięku i nośności, mają tendencję do zwiększania lepkości mieszaniny reakcyjnej, co wpływa na wzrost komórek, co z kolei zmienia geometrię komórek i niektóre właściwości fizyczne pianki (Babalola *i in.*, 2012). Są one mieszane proporcjonalnie z poliolem, aby umożliwić łatwy przepływ wypełniacza przez linię technologiczną (Latinwo *i in.*, 2010).

Wśród innych wypełniaczy stosowanych w produkcji elastycznej pianki poliuretanowej, nieorganiczny węglan wapnia jest najczęściej stosowanym wypełniaczem w produkcji pianek poliuretanowych, w tym: siarczan baru i kaolin. Gdy te wypełniacze zostaną fachowo wprowadzone i przetworzone, ogólny koszt produkcji może zostać znacznie obniżony. Wypełniacze te muszą być wolne od wilgoci i zanieczyszczeń, należy jednak zwracać uwagę na dokładną znajomość zawartości wilgoci zawartej w wypełniaczu, ponieważ nadmiar wody w składzie może prowadzić do zwiększenia wytwarzania ciepła, które może spowodować pożar.

Podczas produkcji pianek poliuretanowych proces przechodzi dwa etapy reakcji: rozdmuchiwania i polimeryzacji, w wyniku których z każdego etapu powstaje odpowiednio dwutlenek węgla (CO_2) i uretan.

2.3.1 Reakcja wydmuchiwania

Reakcja rozdmuchiwania to reakcja pomiędzy diizocyjanianem toluenu a wodą, w wyniku której powstaje tlenek węgla (IV) i biuret. Reakcja ta zachodzi w dwóch etapach: reakcji pierwotnej i wtórnej. Ilość zużytego diizocyjanianu toluenu jest szacowana za pomocą;

$$\text{Części wody x } 9{,}68 \qquad (1)$$

2.3.1.1 *Reakcja pierwotna*

Jest to reakcja, która polega na wytwarzaniu gazu, który służy jako główne źródło wydmuchu, powodując, że pianka rozszerza się do swojej ostatecznej objętości.

$$R - N = C = 0 \;\; + H_2O \longrightarrow R - NH_{2(aq)} + CO_{2\,(g)}$$

W oda izocyjanianowa amina dwutlenek węgla

$$R - NH2 + R - N = C = O \longrightarrow R - N - C - N - R$$

| |

A Izocyjanian aminy H H

Zastępowany mocznik

Rysunek 2.0 Pierwotne reakcje wydmuchiwania

2.3.1.2Sekundowa reakcja wydmuchiwania

Jest to reakcja sieciowania, która powoduje powstanie biuretu w ostatnim etapie procesu piankowego, który jest procesem utwardzania. Proces reakcji jest więc;

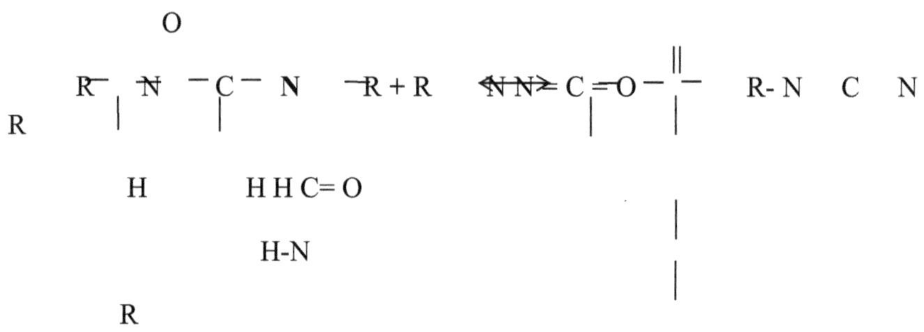

O

R— N —C— N —R + R N N C=O — — R- N C N
R

H H H C= O

H-N

R

Rysunek 2.1 Wtórne reakcje wydmuchiwania

2.3.2 Reakcja polimeryzacji

Reakcja polimeryzacji, którą czasami określa się mianem reakcji żelatyny, obejmuje reakcję między diizocyjanianem toluenu a poliolem, który jako produkt końcowy wytwarza uretan, a następnie na etapie utwardzania przekształca go w alofanat. Ciepło reakcji wynosi około 24 kcal na mol utworzonego uretanu. Reakcja prowadzi do powstania usieciowanego polimeru. Trudno jest kontrolować względne szybkości tych reakcji, ponieważ reakcje te zachodzą niemal równocześnie, obecność otwarcia komórek wskazuje na zmianę szybkości reakcji między rozdmuchiwaniem a reakcją polimeryzacji. Ilość diizocyjanianu toluenu wynosi;

$$\text{(liczba hydroksylowa poliolu)} \times 0{,}155 \qquad (2)$$

Ilość ta wskazuje ilość TDI potrzebną do utwardzania wyprodukowanego polieteru niezależnie od gęstości pianki. Reakcja ta zachodzi w dwóch etapach;

2.3.2. 1Polimeryzacja pierwotna

W wyniku polimeryzacji pierwotnej z reakcji poliolu i TDI powstaje początkowy uretan.

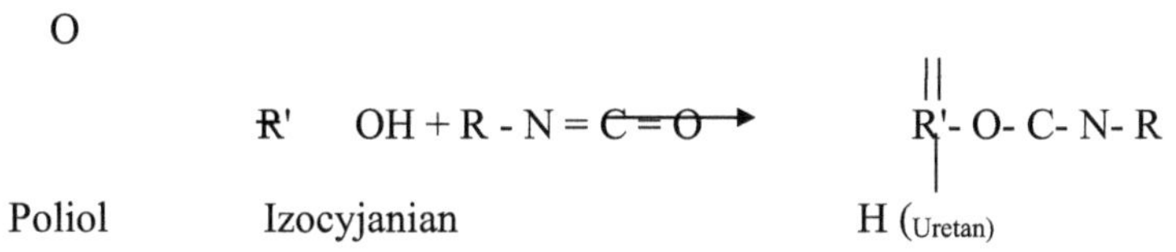
O
R' OH + R - N = C=O
R'- O- C- N- R
Poliol
Izocyjanian
H (Uretan)

Rysunek 2.2 Polimeryzacja pierwotna

2.3.2.2 Polimeryzacja wtórna

Na tym etapie reakcji, na etapie utwardzania, uretan jest przekształcany w alofanat.

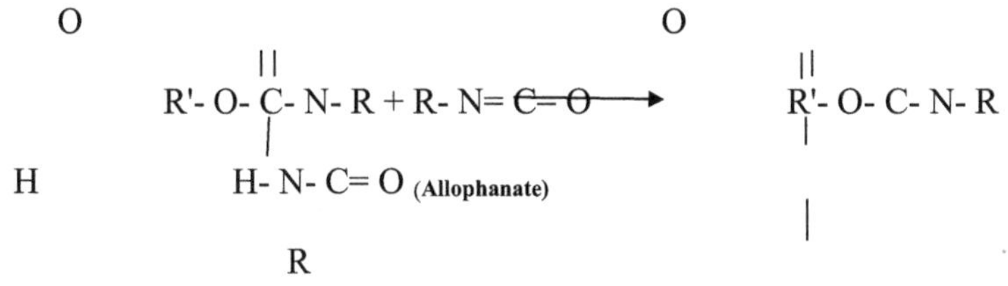
O
O
R'- O- C- N- R + R- N= C=O
R'- O- C- N- R
H
H- N- C= O (Allophanate)
R

Rysunek 2.3 Polimeryzacja wtórna

2.4 Formulacja pianki

Formulacja jest procesem, w którym określa się proporcje różnych substancji chemicznych, które mają być użyte do produkcji. Zazwyczaj jest on obliczany w pphp (część na sto polioli), a następnie skalowany w górę. Ilość wody do wykorzystania określa się poprzez podzielenie ilości poliolu przez gęstość pianki przeznaczonej do produkcji, podczas gdy z literatury otrzymuje się aktywator i olej silikonowy.

Tabela 2.1: Wzór dla Produkcji Gęstości 20 kg/m3

KOMPONENTACJA	**Kwota (pphp)**
Poliol	100
TDI	54.42
MC	0

Amina	4
Cyna	4
Olej silikonowy	2
Woda	5
Wypełniacz	15

2.4.1 Terminologia w produkcji pianki

2.4.1.1 *Czas krzepnięcia*

Jest to czas od momentu wymieszania substancji chemicznych do momentu utworzenia ciekłej pasty, co wskazuje na rozpoczęcie reakcji, która trwa przez około dwanaście sekund zanim pianka zacznie rosnąć. Zazwyczaj jest to osiągane poprzez zmianę mieszaniny z przezroczystej na mleczną i pojawia się, gdy dwutlenek węgla wytworzony w reakcji dyfunduje do maleńkich pęcherzyków powietrza i wydostaje się na zewnątrz.

2.4.1.2 *Czas narastania*

To jest czas, w którym piana wznosi się na maksymalną wysokość, po tym wszystkim CO_2 musiał uciec do atmosfery. W zależności od gęstości wytwarzanej piany, czas wznoszenia mieści się zazwyczaj w zakresie 60-80 sekund.

2.4.1.3 *Czas utwardzania*

Czas utwardzania to czas potrzebny do pełnego wzrostu miękkiej galaretowatej masy pianki do zestalenia, na tym etapie następuje sieciowanie komórek (Yaji 2010). Całkowity proces utwardzania trwa około 3-5 minut.

2.4.1.4 Opadanie do tyłu

Tonięcie z powrotem to sytuacja, w której w pełni unosząca się piana nagle się zapada. Wynika to z niedostatecznej ilości silikonu w składzie lub z częściowej lub całkowitej utraty aktywności silikonu obecnego w składzie. Należy jednak zauważyć, że spadek wysokości bloku spowodowany dużym rozdwojeniem wewnętrznym i bocznym nie jest sytuacją opadania do tyłu i nie powinien być za taką uważany (Makanjuola, 1998).

2.5 Kondycjonowanie chemiczne

Proces spieniania jest zasadniczo egzotermiczny, który generuje ciepło, zwiększając tym samym temperaturę systemu. Ważne jest, aby wiedzieć, że reakcja jest wrażliwa na temperaturę, dlatego wysoka lub niska temperatura reaktorów może mieć duży wpływ na reakcję. Lepkość, gęstość i reaktywność chemiczna TDI i polioli zmienia się w zależności od temperatury.

Zakres temperatur najlepiej nadający się do dobrej produkcji pianki wynosi od 22°c do 24°c. Niewielkie wahania, nie wyższe niż 27°c i nie niższe niż 18°c, mogą być akceptowane przy niewielkich różnicach w składzie, a dostosowanie jest zwykle osiągane poprzez zmianę wydajności oktoatu cyny i aminy (Jiang i Sheildon 2010). Jakość piany ulega szybkiemu pogorszeniu w miarę jak temperatura wejściowa oddala się od idealnego zakresu.

Do osiągnięcia tego pożądanego zakresu temperatur stosowanych chemikaliów zastosowano różne metody, w tym: umieszczenie chemikaliów w pomieszczeniu magazynowym zawierającym klimatyzatory, otulenie zbiorników magazynowych poliolu i TDI łączących je z agregatem chłodniczym, który reguluje i utrzymuje temperaturę chemikaliów. Wybór klimatyzacji zależy od wielkości dostępnego pomieszczenia chłodniczego, urządzeń chłodniczych (typy i klasyfikacja klimatyzatora, wielkość agregatu chłodniczego, regularność zużycia energii elektrycznej, przydatność zainstalowanego systemu recyrkulacji i ogólne warunki otoczenia).

Nie ma zalecanej metody kondycjonowania chemikaliów, metoda, którą należy przyjąć, zależy od oceny najlepszych technik chłodzenia przy wysokim stężeniu wypełniacza.

2.2 Właściwości fizyczne elastycznych pianek poliuretanowych i ich wpływ chemiczny

Tabela 2.2: Wpływ chemikaliów na właściwości fizyczne pianki poliuretanowej

CHEMICZNE	WPŁYW NA WŁAŚCIWOŚCI FIZYCZNE
Poliol	Wszystkie właściwości fizyczne
TDI	Twardość
Olej silikonowy	odporność i wielkość komórek
Ośmiornica pospolita (Stannous Octoate)	Twardość i spójność
Amina	Zwiększa szybkość reakcji
Woda	Twardość i gęstość
Pomocniczy środek porotwórczy	Gęstość, miękkość i sprężystość
Wypełniacz	Gęstość i nośność

Źródło: Podręcznik produkcji pianki elastycznej (Makanjuola 1998)

Prawidłowa proporcja różnych substancji chemicznych musi być prawidłowo i ostrożnie określona w trakcie przygotowywania preparatu, ponieważ zbyt mała lub zbyt duża ilość którejkolwiek z użytych substancji chemicznych może prowadzić do odkształcenia procesu piankowego lub spowodować wybuch pożaru, tak jak to ma miejsce w przypadku nadmiaru wody w preparacie.

Tabela 2.3: Wpływ nadmiaru substancji chemicznych w składzie pianki

CHEMIKALIA	SKUTKI ZBYT MAŁEJ ILOŚCI SUBSTANCJI CHEMICZNYCH	DZIAŁANIE ZBYT DUŻEJ ILOŚCI SUBSTANCJI CHEMICZNYCH
TDI	Zbyt miękka pianka	Zbyt twarda piana, na ogrzewaniu
Ośmiornica pospolita (Stannous Octoate)	Podziały bloków pianki w regularnych odstępach czasu	Tworzenie się zamkniętych komórek, kurczenie się
Olej silikonowy	Niestabilność bąbelków prowadząca do rozszczepienia, zapadania się piany	Tworzenie się zamkniętych komórek z powodu nadmiernej stabilizacji
Amina	Spowolnienie skremowania, powoduje uwięzienie bąbelków	Obecność podziałów spowodowanych szybką reakcją
Pomocniczy środek porotwórczy	Tworzenie się twardej pianki	Tworzenie się miękkiej pianki powodujące wydłużenie czasu narastania
Powietrze wylotowe	Tworzenie dużych komórek, zwykle grubych i zamkniętych	Obecność otworków i pęcherzyków powietrza
Temperatura	Duża zamknięta formacja komórkowa	Wysoki stopień polimeryzacji
Woda	Spadek wysokości piany	Podwyższona temperatura, przypalenie

Prędkość mieszadła	Tworzenie się pęcherzyków powietrza	Drobna struktura komórkowa powodująca podział

2.7 Rzeczywiste określenie wagi piany

W każdym procesie wytwarzania pianki masa wyprodukowanej pianki jest zawsze mniejsza niż całkowita suma mas wszystkich substancji chemicznych użytych do jej produkcji. Wynika to z faktu, że wydzielana jest duża ilość gazów w postaci CO_2 i cały pomocniczy środek porotwórczy wyparowuje. Strata gazu obejmuje;

- Dwutlenek węgla z reakcji izocyjanianu wody
- Odparowany chlorek metylenu

Ilość CO_2, która wyparowuje, zależy od ilości wody w preparacie. Z literatury wynika, że ilość wyprodukowanej CO_2 jest równa 2,44 razy większej od ilości wody w części wagowej (p.b.w) (Makanjuola 1998).

2.7.1 Procedura formułowania

Poliol jest stosowany w produkcji preparatów do produkcji pianki poliuretanowej. Zazwyczaj używa się bazy 100 pphp (część na sto polioli), a wszystkie inne potrzebne ilości chemikaliów uzyskuje się w stosunku do bazy danego poliolu, a następnie skaluje się ją do wymaganej proporcji. Poniżej znajduje się przykładowy preparat do produkcji pianki o gęstości 16 kg/m3 ;

Poliol = 100g

Woda = 100/gęstość

= 100/16

= 6.25g

Należy pamiętać, że podczas przygotowywania preparatów, ilość wody do wykorzystania nie może być większa niż 5 g dla 100 g poliolu. Kiedy to nastąpi, nadmiar wody zastępuje się ABA (chlorek metylenu), to znaczy,

1g wody = 7g ABA

6.25 – 5 = 1.25g

Dlatego też ABA = 7 x 1.25

=8,75g ABA

Ilość TDI do wykorzystania jest obliczana za pomocą wzoru;

= (H_2O x 9.67) + (OH x 0.155)

= (4 x 9.67) + (43 x 0.155)

= 45.35

= 120 – 100

= 20

20% wzrost o 45,35

= 54.42g

Olej silikonowy i amina pochodzą z literatury, a na każde 100 g poliolu przypada 15 g wypełniacza. Chemikalia te mogą być następnie odpowiednio skalowane. Poniższa tabela przedstawia opracowaną recepturę do produkcji pianki blokowej o gęstości 16kg/m^3.

Tabela 2.4: Typowy skład pianki dla gęstości 16 kg/m3

CHEMICZNE	p. b.w.
Poliol	100
TDI	54.42
ABA	8.75
Amina	0.2

Cyna	0.2
Olej silikonowy	0.92
Woda	5
Wypełniacz	15

2.7.2 Wzór na gęstość 20 kg/m3

Tabela 2.5: Produkcja D20 z odchyleniami w $CaCO_3$

KOMPONENTACJA	**F1/g**	**F2/g**	**F3/g**
Poliol	1000	1000	1000
TDI	544.2	544.2	544.2
Amina	2	2	2
Cyna	2	2	2
Olej silikonowy	10	10	10
Woda	50	50	50
$CaCO_3$	50	100	150

Tabela 2.6 Charakterystyka gęstości pianki 20 kg/m3

Sformułowanie g)	Gęstość (kg/m3)	Zestaw ciśnieniowy (%)	Twardość penetracyjna (N)
F1	20.19	8.3	165.6
F2	21.67	7.4	171.2
F3	22.5	4.0	179.8

2.8 Informacje ogólne o łupinie ryżowej

2.8.1 Wprowadzenie

Łuska ryżowa jest odpadem rolniczym, który jest bardzo łatwo dostępny w krajach produkujących ryż. Są to naturalne osłony, które pokrywają ziarna ryżu podczas ich wzrostu. Po usunięciu podczas mielenia uważa się, że nie mają one już żadnego zastosowania.

Na całym świecie produkuje się rocznie około 600 milionów ton ryżu niełuskanego. Średnio 20% ryżu niełuskanego stanowi łuskę, co daje łączną roczną produkcję w wysokości 120 mln ton (Shukla, 2011). Duża ilość łuski, o której wiadomo, że zawiera materiał włóknisty o wysokiej zawartości krzemionki, jest dostępna jako odpad z przemysłu przetwórstwa ryżu. Przetwórstwo ryżu niełuskanego w Nigerii wynosi od 3,4 do 4,5 mln ton rocznie, co stanowi 948.000 do 990.000 ton łusek ryżu rocznie (Abalaka, 2012).

2.8.2 Uprawa ryżu w Nigerii

Ryż jest uprawiany praktycznie we wszystkich strefach agroekologicznych w Nigerii. W Nigerii duża część mielenia jest wykonywana przez spółdzielnie, z których największa znajduje się w Lafii, w stanie Nassarawa, gdzie znajduje się około 700 młynów; mielony tu ryż jest transportowany ciężarówkami do wszystkich części kraju.

Przetwarzanie ryżu odbywa się na ogół poza gospodarstwem. Wielu rolników jest w stanie sprzedać swój ryż zanim zostanie on zebrany, ponieważ handlowcy Igbo przychodzą do gospodarstw, aby negocjować ceny. Wraz ze wzrostem dostępności ryżu, stał się on częścią codziennej diety wielu rolników w Nigerii (Amadike 2007).

2.8.3 Zbiory ryżu w Nigerii

Ryż jest gotowy do zbioru, gdy ziarna są twarde i zmieniają kolor na żółto-brązowy (około 30-45 dni po kwitnieniu). Ryż jest w pełni dojrzały do zbioru, gdy 80-85% ziaren ma słomiany kolor. Aby zebrać ryż, łodygi ścina się sierpem na wysokości 10-15 cm nad ziemią, wiechy zawiązuje się w wiązki i ustawia w pozycji pionowej do suszenia przed młóceniem.

2.8.3.1 Prostowanie *i wietrzenie*

Prażenie odbywa się na twardych powierzchniach poprzez wydmuchiwanie ziaren z kłosów. Wiewanie odbywa się w celu oddzielenia plew i opróżnienia ziaren od dobrze wypełnionych ziaren dojrzałych.

2.8.3.2 *Składowanie*

Łyżka ryżowa przeznaczona do przechowywania powinna być odpowiednio wysuszona, aby uniknąć psucia się. Pojemnik do przechowywania jest czyszczony, np. *rumbu,* przed wlaniem do niego ryżówki. W celu ochrony paddies przed insektami; Coopex 2.5 lub 1½ pudełka zapałek pełne Actellic 2.5 używa się do odkurzenia około 25 kg paddy.

2.8.3.3 *Wydajność*

Wydajność ryżu zwiększa się dzięki ulepszonym praktykom agronomicznym, stosowaniu nawozów i efektywnemu zarządzaniu zasobami wodnymi. Niedobór wody w krytycznych fazach wzrostu, inicjacji wiechy, krzewienia się i kwitnienia znacznie obniża plon.

2.8.3.4 *Parzenie*

Polega to na moczeniu ryżu niełuskanego w gorącej wodzie o określonej temperaturze, która różni się w zależności od odmiany. W przypadku wszystkich odmian parzenie może odbywać się poprzez moczenie ryżu niełuskanego przez 5-6 godzin w gorącej wodzie o temperaturze 70 °C.

Paddy jest później gotowane na parze przez krótki czas, zwykle 6-10 minut, aż do momentu, gdy łuski po prostu się otworzą. Po parzeniu, ryż jest suszony na słońcu w łagodnej temperaturze, aby ograniczyć łamanie się ziaren podczas mielenia. (Ekeleme *et al*., 2008)

2.8.4 Ryżowe produkty uboczne

Produkty uboczne pochodzące z uprawy i przetwarzania ryżu tworzą wiele cennych nowych produktów. Łuski ryżowe, otręby ryżowe, ściernisko ryżowe, słoma ryżowa i ryż łamany są używane jako typowe składniki w produktach ogrodniczych, przemysłowych, zwierzęcych, domowych, budowlanych i spożywczych (www.aboutrice.com).

2.8.4.1 *Łuski ryżowe*

Łuska ryżowa to twarda, żółtawobrązowa skorupa ochronna pokrywająca ziarno. Pierwszy etap mielenia ryżu niełuskanego polega na oddzieleniu ryżu od łuski.

Łuski ryżowe są głównym produktem ubocznym produkcji ryżu. Na każdy zebrany milion ton ryżu produkuje się około 200 000 ton łuski ryżowej.

(www.aboutrice.com)

2.8.5 Właściwości fizyczne i chemiczne łuski ryżowej

Łuska ryżowa jest naturalnie twarda i nierozpuszczalna w wodzie, zdrewniała i charakteryzuje się strukturalnym układem krzemionkowo-celulozowym oraz odpornością na ścieranie. Jego głównymi składnikami są lignina, celuloza, uwodniona krzemionka, hemiceluloza i zawartość popiołu. Zewnętrzna część łuski ryżowej składa się z wgniecionych prostokątnych elementów, głównie z krzemionki pokrytej grubą skórką i włosami powierzchniowymi, podczas gdy środkowa część i wewnętrzny naskórek zwykle zawierają niewielką ilość krzemionki. Stwierdzono, że składniki chemiczne różnią się w zależności od rodzaju próbki, co może wynikać z różnych warunków geograficznych, rodzaju ryżu niełuskanego, zmian klimatycznych, składu chemicznego gleby i rodzaju nawozów stosowanych w uprawie niełuskanej, (Turmanova *i in.,* 2012).

2.8.6 Przemysłowe zastosowania łuski ryżu

- Cement i beton

- Chłonny olej
- Lekkie materiały konstrukcyjne
- Chipy silikonowe
- Cegły ogniotrwałe
- Materiał wzmacniający klocki hamulcowe

Do innych zastosowań łusek ryżowych, które są jeszcze w fazie badań, należą:

- W produkcji dachówek ceramicznych
- Składnik materiału ognioodpornego i izolacji
- Jako oczyszczacz piwa
- Jako wolno działający środek gaśniczy w proszku gaśniczym
- Wypełniacz ścierny do pasty do zębów
- Wypełniacz wypełniający do farb
- Jako wypełniacz w produkcji pianek elastycznych
- Produkcja folii z krzemianu sodu

(Shukla 2011).

2.8.7 Analiza XRF

Analiza fluorescencji rentgenowskiej dla aktywowanej próbki łuski ryżu

Tabela 2.7: Skład popiołu z łuski ryżowej według XRF (%)

SiO_2	Al_2O_3	Fe_2O_3	CaO	MgO	SO_3	K_2O	Na_2O	Mn_2O_3	P_2O_5	TiO_2	Cl-
91.87	0.00	0.82	0.00	1.23	0.06	1.63	0.22	0.19	3.95	0.03	0.00

Źródło: Abalaka A.E. (2012)

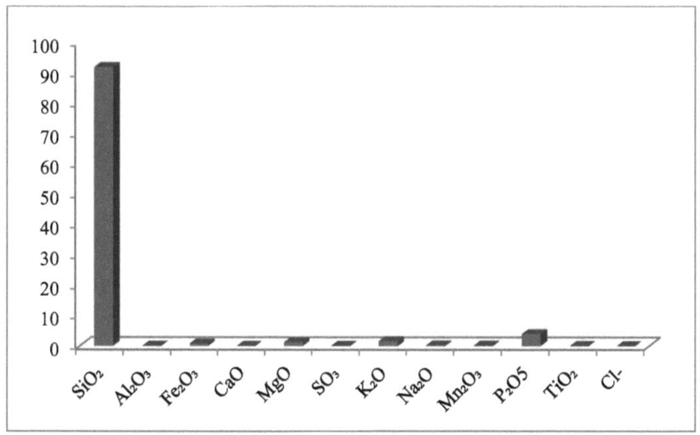

Rysunek 2.4 Graficzne przedstawienie analizy XRF

2.9 Zarządzanie jakością

2.9.1 Próba rozciągania (wytrzymałość na rozciąganie)

Próba rozciągania dostarcza informacji o wyprodukowanej piance, a także określa jej wytrzymałość na rozciąganie. Jest to maksymalna siła wystarczająca do rozerwania badanego elementu, podzielona przez jego pierwotny przekrój poprzeczny. Standardowe maszyny są specjalnie zaprojektowane do przeprowadzania tych badań i posiadają pewne istotne cechy, w tym niektóre z nich;

- Prędkość pracy jest równomierna i ma siłę nacisku 50 mm/min.
- Obciążenia i wydłużenie badanej próbki można odczytać w dowolnym momencie bez konieczności zatrzymywania maszyny.

Wydłużenie przerwy jest podane w procentach przez wyrażenie

$$\text{Wydłużenie} = \frac{(L^{I} - L_{o})}{L_{o}} \text{ x } 100$$

Gdzie;

L_o jest początkową długością pomiarową

L^I jest ostateczną długością pomiarową

2.9.2 Test zestawu ciśnieniowego

Próba z zestawem do ściskania mierzy zdolność pianki do odzysku/wznoszenia się po poddaniu jej ciągłemu ściskaniu ugięciowemu. Zestaw do ściskania można opisać jako różnicę między początkową grubością a końcową grubością pianki, wyrażoną w procentach jej pierwotnej grubości. Jest ona wyrażana matematycznie jako;

Zestaw do kompresji = $(T_o - T^I)/T_o \times 100$

Gdzie;

T^I jest oryginalną grubością badanej próbki

T_o to grubość badanej próbki po odzyskaniu

Przy określaniu wartości dla próby ściskania należy również podać warunki badania, w tym: poziom ściskania, temperaturę i czas.

2.9.3 Badanie gęstości

Gęstość każdej pianki jest gęstością pozorną lub gęstością nasypową, a nie gęstością polimeru. Zazwyczaj bada się co najmniej trzy próbki, a zarejestrowana wartość jest średnią wartością badanej próbki. Waga wagowa powinna być zdolna do ważenia z dokładnością do 0,01g. Gęstość jest wprost proporcjonalna zarówno do kosztów, jak i nośności pianki, wysoka gęstość powoduje z reguły wyższe koszty i lepszą nośność.

2.9.4 Badanie twardości wgłębnej

Indeksowa twardość pianki jest miarą jej nośności. Wskaźnik ten jest siłą potrzebną do wciśnięcia małej okrągłej płytki do pianki o 40%.

Maszyna wytrzymałościowa posiada możliwość wgłębienia badanej próbki pomiędzy powierzchnię ramy nośnej a wgłębnikiem, który wykonuje równomierny ruch względny w kierunku pionowym.

ROZDZIAŁ TRZY

3.0 SPRZĘT, MATERIAŁY I METODY

3.1 Sprzęt używany do aktywacji próbki łuski ryżowej i produkcji pianki do skrzynek

Tabela 3.1: Sprzęt wykorzystywany do aktywacji próbki łusek ryżowych i produkcji pianki skrzynkowej

S/N	Sprzęt	Źródło / producent
I.	Piekarnik	Piec Gallenkamp, dział WAFT
II.	Tong	Departament WAFT
III.	Crucible	Departament WAFT
IV.	Taca	Departament WAFT
V.	PH-metr	Departament WAFT
VI.	Butelki z próbkami	Departament WAFT
VII.	Cylinder pomiarowy	Departament WAFT

VIII.	Cyfrowa waga wagowa	Departament WAFT
IX.	Sito elektroniczne (rozmiar oczek 500µm)	Dział Inżynierii Chemicznej
X.	Stop watch	Departament WAFT
XI.	Piec muflowy	Departament WAFT
XII.	Dzbanki plastikowe	Mouka Company, oddział Kaduna
XIII.	Strzykawka kliniczna	Mouka Company, oddział Kaduna
XIV.	drewniana skrzynka	Mouka Company, oddział Kaduna
XV.	Nylon	Mouka Company, oddział Kaduna

3.2 Materiały wykorzystywane do aktywacji próbki łuski ryżowej i produkcji pianki do skrzynek

3.2.1 Materiały stosowane do aktywowania łusek ryżowych i pianki skrzynkowej

Tabela 3.2 Materiały do aktywacji łuski ryżowej i produkcji pianki skrzynkowej

S/N	Materiał	Źródło / producent
I	0,1 M Kwas solny	Unit Operation laboratory, Chemical Engineering dept., FUT Minna.
II	Woda destylowana	Laboratorium WAFT, Szkoła Rolnictwa i Techniki Rolniczej, FUT Minna.
III	Gorąca woda	Laboratorium WAFT, Szkoła Rolnictwa i Techniki Rolniczej, FUT Minna.
IV	Poliol	Evonik Industries Niemcy, dostarczane przez ChellCHEM
V	Diizocyjanian toluenu (TDI)	Bayer materialScience AG, Chempark Geb. B539 D-41538 DORMAGEN.
VI	Cyna -(II) -izoktoat	Evonik Industries, Niemcy.
VII	Katalizator aminowy trzeciorzędowy	Evonik Industries Germany, dostarczany

		przez ChellCHEM.
VIII	Olej silikonowy	Evonik Industries Germany, dostarczany przez ChellCHEM.
IX	Woda	Zaopatrzenie w wodę w studni
X	Popiół z łuski ryżowej	Miejscowy zakład obróbki ryżu, naprzeciwko głównej bramy kampusu futminna Gidan kwano Minna Niger State.

3.3 Aktywacja próbki Rice Husk

3.3.1 Metodologia

3.3.2 Przygotowanie Aktywowanego Łuku Ryżowego

3.3.2.1 *Karbonizacja*

Próbka łuski ryżowej została pobrana z lokalnego centrum mielenia ryżu w wiosce Gidan Kwano w Minnie w stanie Niger. Próbka została umyta w celu usunięcia ciał obcych, zmielona i przesiana do wielkości cząstek 500 µm, a następnie podgrzewana w piecu w temperaturze 100°C przez godzinę, po czym pozostawiona do schłodzenia na wolnym powietrzu. Następnie próbkę ogrzewano w piecu muflowym w temperaturze 500°C przez 30 minut w celu zwęglenia łuski ryżu, a uzyskaną zwęgloną łuskę ryżu wlewano do wanny zawierającej blok lodowy, po czym nadmiar wody odprowadzano na zewnątrz.

Popiół powierzchniowy został usunięty z łuski ryżowej przez potraktowanie jej kwasem solnym o stężeniu 0,1M, a następnie ponownie przemyty gorącą wodą, a następnie wodą destylowaną w celu usunięcia pozostałości kwasu. Następnie próbka była suszona w piecu przez jedną godzinę w temperaturze 100 °C.

3.3.2.2 *Aktywacja*

5cm^3 kwasu solnego o stężeniu 0,1M zmieszano z karbonizowaną próbką łuski ryżowej i pozostawiono na dwie godziny. Następnie próbkę płukano wodą destylowaną do momentu uzyskania wartości pH.

3.4 Charakterystyka węgla aktywnego

Analizę przeprowadzono na wyprodukowanej aktywowanej łusce ryżu w celu określenia jej składu i innych parametrów. Analizie poddano następujące parametry: zawartość popiołu, wilgotność, wielkość cząstek, powierzchnię, gęstość nasypową, węgiel stały, objętość porów oraz zawartość goleni.

3.4.1 Określanie zawartości popiołu

2g suchej próbki aktywowanej łuski ryżu umieszczono w tyglu i przeniesiono do uprzednio ogrzanego pieca muflowego ustawionego w temperaturze 700°C. Próbkę pozostawiono w piecu na 1 godzinę, po czym usunięto ją i przeniesiono do eksykatora, gdzie pozostawiono do ostygnięcia. Następnie zważono tygiel i jego zawartość oraz zanotowano nową masę. Na podstawie tej zależności obliczono procentową zawartość popiołu:

$$\%\ \text{Zawartość popiołu} = \frac{\text{Wf}}{\text{W0}} \text{ x } 100$$

Gdzie

Wf = ostateczna masa węgla aktywnego po ogrzaniu (g)

Wo = początkowa masa sucha węgla aktywowanego (g)

3.4.2 Oznaczanie zawartości wilgoci

2g aktywowanej próbki łuski ryżu zostało zmierzone na płytce Petriego i stale suszone w piecu. Próbka była ponownie ważona w dziesięciominutowych odstępach czasu, aż do uzyskania stałej wagi. Na podstawie tej zależności obliczono procentową zawartość wilgoci:

$$\%\, Moisture\ content = \frac{Wo - Wch}{Wo}\ x\ 100$$

Gdzie

Wo = masa początkowa węgla aktywnego (g)

Wch = końcowa masa węgla aktywowanego (g)

3.4.3 Oznaczanie zawartości lotnej

2g aktywowanej łuski ryżu umieszczono w tyglu i ogrzewano w piecu muflowym przez dziesięć minut w temperaturze 700°C. Następnie zawartość została wyjęta z pieca muflowego, schłodzona i ponownie zważona. Następnie rejestrowano różnicę w masie, a na podstawie tej zależności określano zawartość substancji lotnych:

$$\%\, Volatile\ content\ (VC) = \frac{(2 - Wp)}{W^{I}}\ x\ 100$$

Gdzie

W^{I} = Masa sucha w piecu początkowa masy węgla aktywowanego (g)

Wp = masa odzyskana z węgla aktywnego (g)

3.4.4 Określenie uzysku cieplnego

Wydajność Ych została obliczona na podstawie zależności:

$$Ych = 100\frac{Wp}{W^{I}}$$

Gdzie

W^{I} = sucha masa w piecu uzyskana z (3.3.3) powyżej

Wp = masa odzyskana w (3.3.3) powyżej (g)

3.4.5 Wyznaczanie węgla stałego

Na podstawie tej zależności określono stałą zawartość węgla (FC):

$$FC(\%) = \frac{(Ych - U - Vc - ash)}{Ych}$$

Gdzie

VC = zawartość substancji lotnych (%)

Popiół = zawartość popiołu (%)

U = zawartość wilgoci (%)

Ych = wydajność golenia (%)

3.4.6 Oznaczanie objętości porów

2g aktywowanej łuski ryżowej zanurzono w wodzie i gotowano przez 15 minut, aż do wyparcia powietrza w porach. Następnie próbka była intensywnie suszona w piecu przez 30 minut w temperaturze 45°C, a następnie ponownie ważona. Wzrost masy próbki podzielony przez gęstość wody daje objętość porów.

3.4.7 pH Wartość

Gnojowica materiału została przygotowana poprzez zmieszanie 10 g aktywowanego wypełniacza łuski ryżowej z 50 cm3 przegotowanej wody destylowanej. Następnie wykonano pomiar na zawiesinie.

3.5 Preparat do produkcji pianki

3.5.1 Parametry Zmienne

Następujące parametry były zróżnicowane dla produkcji pianki poliuretanowej o gęstości 20 kg/m^3;

- Ilość wypełniacza
- Ilość zużytego oleju silikonowego

Tabela 3.3: Produkcja D20 z różnicą w ilości aktywowanej łuski ryżu.

KOMPONENTACJA	A/g	B/g	C/g
Poliol	1000	1000	1000
TDI	544.2	544.2	544.2
Amina	2	2	2
Cyna	2	2	2
Olej silikonowy	10	10	10

Woda	50	50	50
Aktywowana łuska ryżu	0	100	200

Tabela 3.4: Produkcja D20 z uwzględnieniem zmian w zastosowanym oleju silikonowym.

KOMPONENTACJA	**D/g**	**E/g**	**F/g**
Poliol	1000	1000	1000
TDI	544.2	544.2	544.2
Amina	2	2	2
Cyna	2	2	2
Olej silikonowy	0	5	10
Woda	50	50	50
Aktywowana łuska ryżu	150	150	150

3.6 Przygotowanie pianki w pudełku elastycznym

3.6.1 Procedura

Zbiornik do mieszania potrzebny do produkcji pianki skrzynkowej został wykonany w sposób czysty, wolny od kropli wody i innych zanieczyszczeń. Poszczególne chemikalia z wyjątkiem TDI mieszano do naczynia i stale mieszano do uzyskania jednorodnej mieszaniny. Następnie TDI wprowadzano do mieszaniny i szybko mieszano przed wlaniem jej do przygotowanego drewnianego pudełka. Wnętrze pudełka zostało pokryte skórą nylonową, aby umożliwić łatwe usunięcie pianki po pełnym rozwinięciu. Stopniowo pianka rosła aż do osiągnięcia pełnej wysokości w około dziewięćdziesiąt sekund, krzepnięcie następowało niemal natychmiast. Próbki o wymiarach (16 x 16 x 2) cm zostały wycięte z pianki wyprodukowanej przy użyciu obcinacza elektrycznego, po czym zostały zabrane do laboratorium do analizy.

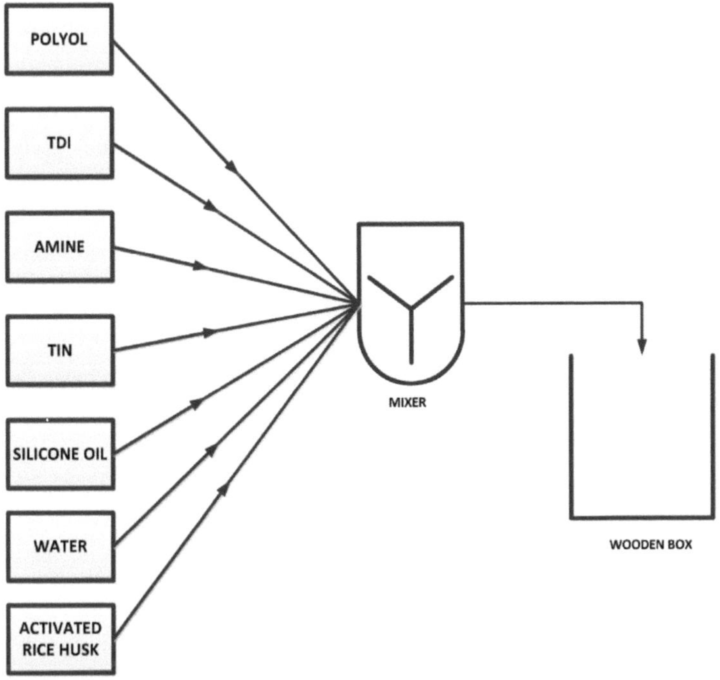

Rys. 3.0 Schemat przepływu procesowego dla produkcji skrzyniowej pianki poliuretanowej.

3.7 Badania właściwości mechanicznych pianki

3.7.1 Zestaw do kompresji odchylenia stałego

Próbki pianki w pudełku zostały przycięte do wymiarów 40 x 40 x 5 cm. Próbki te zostały następnie ściśnięte do 25% ich pierwotnej grubości pomiędzy dwoma płytami aluminiowymi. Następnie sprasowaną próbkę umieszczono w piecu próżniowym (wilgotność 0%) na 22 godziny w temperaturze 75°C. Następnie próbka została usunięta i pozostawiona na 30 minut w temperaturze pokojowej. Zestaw do kompresji został obliczony na podstawie zależności:

$$\text{Zestaw kompresji} = \frac{L1-L2}{L1} x100$$

Gdzie

L_1 = początkowa długość badanej próbki

L_2 = ostateczna długość po wydaniu

3.7.2 Badanie twardości wgłębnej

Próbki testowe umieszczono pojedynczo na środku płyty podtrzymującej wgłębnik, tak aby ług próbny znajdował się na środku perforowanej płyty. Następnie na badaną próbkę przyłożono siłę 5N, a następnie wgnieciono ją z prędkością 100 mm, ± 20 mm/min w celu uzyskania wgłębienia o grubości 70 %. Po osiągnięciu tej grubości, przyłożona siła została następnie zwolniona, proces załadunku i rozładunku został powtórzony jeszcze dwa razy, a wyniki zostały zarejestrowane.

Próbka została wgnieciona do 40% swojej grubości, zaraz po trzecim rozładunku. Odchylenie utrzymywane było przez 30 sekund, a odpowiednia siła zarejestrowana w ciągu [30] sekund, następnie procedura ta została powtórzona dla wszystkich próbek i zarejestrowane zostały wartości.

Płytka 3.0: Indentor

3.73 Badanie gęstości

Produkowana pianka skrzynkowa została pocięta na próbki za pomocą maszyny rotacyjnej. Następnie zmierzono wymiary próbki i zarejestrowano dane. Objętość próbki obliczona przez pomnożenie średniej długości, szerokości i wysokości próbki po zakończeniu pomiaru masy została zmierzona za pomocą wagi. Gęstość obliczono dzieląc masę przez objętość badanej próbki.

Płyta 3.1 Cyfrowa waga samochodowa

ROZDZIAŁ CZWARTY

4.0 WYNIKI I DYSKUSJE

4.1 Wyniki

4.1.1 Analiza łusek ryżowych

Tabela 4.0: Podsumowanie analizy Aktywowanego Łuku Ryżu

S/N	Test	Wynik (%)
1	Zawartość popiołu	68.00
2	Zawartość wilgoci	1.50
3	Zawartość zmienna	1.00
4	Plon Char	99.00
5	Stała zawartość węgla	28.80
6	Objętość porów	0.08

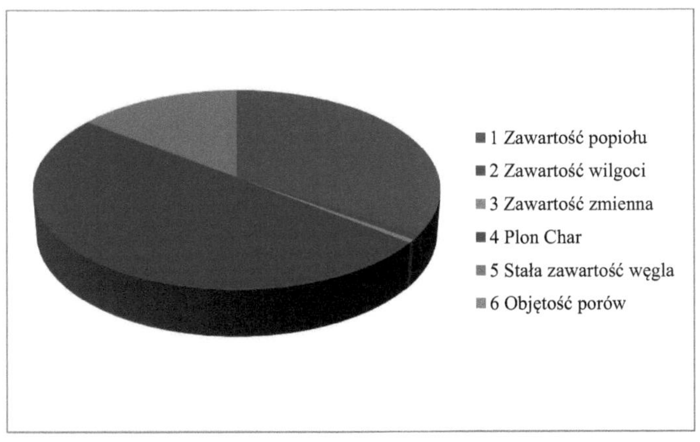

Rysunek 4.0 Graficzne przedstawienie analizy łusek ryżu

4.1.1.2 *Wartość pH*

Za pomocą pehametru przeanalizowano wartość pH aktywowanej łuski ryżu i uzyskano wartość 6,70, co wskazuje, że wypełniacz ma neutralną wartość pH.

4.2 Wyniki badania "Box Foam

Tabela 4.1: Charakterystyka produkowanej próbki pianki z dodatkiem wypełniacza

Sformułowanie	Gęstość (kg/m3)	Zestaw ciśnieniowy (%)	Twardość penetracyjna (N)
A	17.9	7	144
B	23.1	5	126
C	24.1	5	98

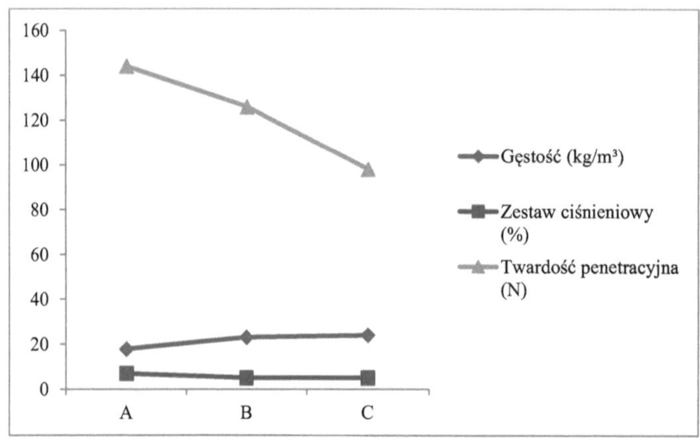

Rysunek 4.1 Badanie zmienności wypełniacza

Tabela 4.2 Charakterystyka próbki piany wytwarzanej przy zmiennym stanie oleju silikonowego

Sformułowanie	**Gęstość (kg/m3)**	**Zestaw ciśnieniowy (%)**	**Twardość penetracyjna (N)**
D	148	NIE DOTYCZY	NIE DOTYCZY
E	31	7	147
F	20	6	135

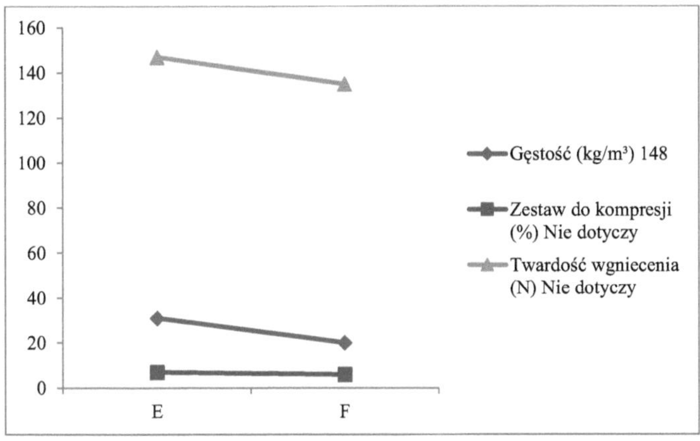

Rysunek 4.2: Badanie zmienności silikonu

Tabela 4.3: Norma SON dla elastycznej pianki poliuretanowej D20

Własność mechaniczna	**Standard SON**
Gęstość (Kg/m^3)	±3 teoretycznej gęstości
Zestaw ciśnieniowy (%)	6 - 10
Twardość penetracyjna (N)	165 -175

Źródło: Total Quality Management, Standard Organization of Nigeria (2010)

Tablica 4.1 Pokazanie różnych próbek wyprodukowanej pianki skrzynkowej.

Płytka 4.2 Wynik badania próbki D

4.4 Omówienie wyników

Analiza aktywowanego popiołu z łupin ryżu wykazała wysoką zawartość goleni o składzie 99%, a popiołu o zawartości 68%. Zawartość wilgoci w wypełniaczu z łupin ryżu została obliczona na 1,5%, co jest korzystne dla produkcji elastycznej pianki poliuretanowej. Nadmiar wody w dowolnej formie pianki może mieć niekorzystny wpływ na proces spieniania i pianę w ogóle, w tym: ryzyko wybuchu pożaru i nadmiernego wytwarzania ciepła, Makanjuola (1998). Dlatego też zadbano o to, aby zawartość wilgoci w wypełniaczu została znacznie ograniczona do minimum. Zmierzono wartość pH popiołu z łuski ryżu, aby uzyskać neutralną wartość pH wynoszącą 6,7.

Im większa gęstość pianki elastycznej, tym wyższa jej jakość, a także wartość rynkowa. Gęstość pianki skrzynkowej zwiększyła się wraz ze wzrostem zawartości wypełniacza, co wskazuje na pozytywny wynik, ponieważ niewielka różnica w ilości użytej łuski ryżowej może znacznie zwiększyć gęstość pianki bez dodawania innych środków chemicznych, zmniejszając tym samym koszty i zwiększając zysk przedsiębiorstwa. Przy 0g zawartości wypełniacza, gęstość została zmierzona na poziomie 17,9 kg/m^3, dodatek 100g wypełniacza zwiększył gęstość do 23,1 9 kg/m^3, a następnie wzrósł do 24,1 kg/m^3, gdy zawartość wypełniacza została zwiększona do 200g.

Próba twardości zazwyczaj wskazuje zdolność bloków pianki do wytrzymania nacisku lub siły zewnętrznej, na którą może być ona od czasu do czasu narażona. Obciążenie zrywające (twardość) wykazywało raczej inną tendencję, ponieważ twardość pudełka pianki zmniejsza się wraz ze wzrostem zawartości wypełniacza. Przy 0g, 100g, 200g zawartości wypełniacza, twardość pianki skrzynkowej została zmierzona na poziomie odpowiednio 144 N, 126 N i 98 N. Pianka o dużym obciążeniu zrywającym może przez pewien czas wytrzymać naprężenia, ale potem traci swoją wytrzymałość, nie ma też zdolności do wzrostu po poddaniu jej takiej sile ze względu na jej sztywny charakter. Pianka o małym obciążeniu niszczącym (twardość) może wzrosnąć po usunięciu siły, przyjmując swój pierwotny kształt.

Test zestawu do ściskania przeprowadzony na próbkach wykazał spadek ściskania dla trzech pianek; 7 %, 5 %, 5 % przy zawartości wypełniacza odpowiednio 0, 100 i 200g. W tabeli 4.6 przedstawiono wyniki uzyskane na podstawie zmienności zawartości oleju silikonowego. Próbka D, która nie zawierała oleju silikonowego, zapadła się po pełnym wzroście, co spowodowało zwiększenie jej gęstości do 148 kg/m3. Wprowadzenie 5g oleju silikonowego dało imponujący wynik przy gęstości 31 kg/m^3, a dalszy wzrost oleju silikonowego do 10% spowodował obniżenie gęstości do 20 kg/m^3.

Zależność pomiędzy olejem silikonowym a obciążeniem rozrywającym jest odwrotnie proporcjonalna. Wzrost zawartości oleju silikonowego zmniejsza nośność na rozerwanie pianki elastycznej. Ze względu na sztywność próbki D nie można było przeprowadzić badania na wytrzymałość na zerwanie (twardość). Próba z zestawem do ściskania na zmianę zawartości silikonu również zmniejsza się wraz ze spadkiem jego stężenia. Przy 5 g zawartości silikonu, próba ściskania została przeanalizowana na 7 %, a przy 10 g zawartości silikonu na 6 %. Próba ściskania próbki D nie została przeprowadzona ze względu na jej sztywną strukturę. Ogólny wygląd fizyczny próbki pianki w pudełku zawierającej łuskę ryżu uległ zmianie ze względu na obecność aktywowanej łuski ryżu, która nadała jej szary kolor.

Badanie wykazało, że próbka A test gęstości piany pudełka i zestawu do ściskania wypadł korzystnie w porównaniu ze standardem wskazanym przez Standard Organization of Nigeria (SON), posiadając gęstość 17,9 kg/m i zestaw do ściskania 7%, ale dał twardość znacznie mniejszą niż standard. Test mechaniczny na próbce pianki E dał lepszą jakość niż standardowa pianka o wysokiej gęstości 31 kg/m^3, zestawie ściskania 7% i twardości 147N, co oznacza, że próbka E z 5% olejem silikonowym i 150g wyprodukowanej pianki z węglem aktywnym ma lepsze właściwości mechaniczne dla swojej kategorii.

ROZDZIAŁ PIĄTY

5.0 WNIOSKI I ZALECENIA

5.1 Wnioski

Na podstawie analizy mechanicznej i fizycznej aktywowanej łuski ryżu stosowanej jako wypełniacz w produkcji elastycznej pianki poliuretanowej wyciągnięto następujące wnioski.

1. Elastyczne pianki poliuretanowe sprzedawane są w zależności od ich gęstości, pianka o wysokiej gęstości przyciąga dodatkową opłatę. Dlatego też, próbka E z 5% zawartością oleju silikonowego, jeśli zostanie wdrożona do produkcji pianki, zaoszczędzi kosztów produkcji i zapewni korzystny rynek dla producentów pianek.

2. Próbka D nie wytrzymała po pełnym wzroście z powodu całkowitego braku oleju silikonowego. Można zatem stwierdzić, że aktywowana łuska ryżu nie może całkowicie zastąpić oleju silikonowego w postaci piany.

3. Zawartość wypełniacza na ogół zwiększa gęstość elastycznej pianki poliuretanowej, jak pokazano na podstawie uzyskanych wyników.

4. Test zestawu do kompresji jest najwyższy przy zwiększonej zawartości wypełniacza i oleju silikonowego.

5. Aktywowana łuska ryżowa może być również stosowana jako zamiennik szarego pigmentu stosowanego w produkcji pianek. Stosowana jako wypełniacz, zmienia kolor pianki na szary, zastępując szary pigment stosowany w większości firm produkujących pianki.

6. W wyniku tego aktywowana łuska ryżu może skutecznie zastąpić 5% oleju silikonowego w preparacie piankowym, zmniejszając tym samym ilość silikonu używanego do produkcji pianki.

Koszt produkcji pianki poliuretanowej może być skutecznie zminimalizowany dzięki zastosowaniu 5% oleju silikonowego z aktywowaną łuską ryżową 150g bez uszczerbku dla normy.

5.2 Zalecenia

Aby w pełni wykorzystać potencjał łuski ryżu jako wypełniacza, należy pokonać kilka ograniczeń. W związku z tym należy rozważyć następujące zalecenia dotyczące przyszłych badań i zastosowań przemysłowych.

1. Zwęglenie łuski ryżu uwalnia CO do środowiska, co powoduje efekt cieplarniany. W dalszych pracach należy rozważyć wykorzystanie łuski ryżowej bezpośrednio jako wypełniacza lub technik wprowadzonych w celu zbierania gazu.

2. W dalszych badaniach należy rozważyć wykorzystanie innego materiału organicznego jako wypełniacza i przeprowadzić analizę w celu ustalenia jego skuteczności.

3. W dalszych pracach należy rozważyć zmianę wielkości wypełniacza, ponieważ wielkość cząsteczek wpływa na produkcję pianki (Okele 2012).

REFERENCJA

Agarry S.E., Latinwo G.K., Afolabi T.J., i Kareem S.A. (2015). Model Predictive Performance of Filled Flexible Polyurethane Foam, *American Journal of Polymer Science*, str. 9.

Bustead I. (2005). Poliuretanowa pianka elastyczna. *W: Plastics Europe,* Eco-profiles of the European Plastics Industry, Ave E van Nieuwenhuyse 4, Bruksela.

Ekeleme F., Kamara A.Y., Omoigui L.O., Tegbaru A., Mshelia J. i Onyibe J.E. (2008*)*. Guide to Rice Production in Borno State, s. 20.

Email I.W., Sani N.A., Abdulsalam A.K. i Abdullahi U.A. (2013). Wydobycie i kwantyfikacja krzemu z piasku krzemionkowego uzyskanego z rzeki Zauma, stan Zamfara, Nigeria. *European Scientific Journal,* Edited Vol.9.

Ghosh R. i Bhattacherjee S. (2013). A Review study on Precipitated Silica and Activated Carbon from Rice Husk, *Chemical Engineering and* Process Technology, Department of chemical, Calcutta Institute of technology, West Bengal, India.

Hardinnawirda K. i Sitirabiatull I.A. (2012). Effect of Rice Husks as Filler in Polymer Matrix Composites.

Illoraboya R., Umukoro L., Omofuwa F.E. i Atikpe E. (2011). Effect of Formulation Parameters on the Properties of Flexible Polyurethane Foam, *World Applied Science Journal*, str. Pg 167 -174.

Kalderis D., Bethanis S., Paraskeva P., i Diamadopoulos E. (2008). Production of activated carbon from bagasse and rice hussk by a single-stage chemical activation method at low retention times, pp.8.

Latinwo G.K., Aribike D.S., Oyekunle L.K., i Kareem S.A. (2010). Effect of Calcium Carbonate of Different Composition and Particle Size Distribution on the Mechanical Properties of Flexible Foams, *Nature and Science*, pp. Pg 92-101.

Makanjuola D. (1998). Handbook on Flexible Foam Manufacture, str. 71-129.

Mdoe J. i Mkayula. Węglowodory aktywowane z łupin ryżowych i muszli owoców palmy, Wydział Chemii, Uniwersytet Dar es Salaam, Tanzania.

Mehdinia S.M., Latif P.A., Abdullah A.M. i Tadhipour H. (2011). Comparison of Dryied Activated Sludge and Mixture of Dryied Activated Sludge with Rice Husk Silica as Packing Material to Remove Hydrogen Sulfide. *In: processingings of the Twelve International Conference on Environmental Science and Technology,* Department of Environmental Health, Damghan Faculty of Health, Semman University of Medical Sciences, Semman Iran.

Ofem M.I., Umar M., i Ovat F.A. (2012). Mechanical Properties of Rice Husk Filled Cashew Nut Nut shell Liquid Resin Composites, *Journal of Materials Science Research.*

Okele I.A.(2012). Badanie wpływu wielkości cząsteczek trzciny cukrowej na związki kauczuku naturalnego do produkcji mat podłogowych. s. 71-78.

Phrommedetch S. i pattamaprom C. (2010). Compatibility Improvement of Rice Husk and Bagasse Ashes with natural Rubber by Molten-State Maleation, *European Journal of scientific research,* Vol. 43, s. 411-416.

Shan C. W., Idris M.I., i Ghazali M.I. (2012). Study of Flexible Polyurethane Foams Reinforced with Coir Fibres and Tyre Particles, *International Journal of Applied Physics and Mathematics.*

Standardowa organizacja w Nigerii. (2010). Total Quality Management in Nigeria Foam Industry.

www.ricehusk.com. Rice Husk, odzyskany 23 lipca 2015 roku.

www.wikipedia.org/rice husk. Rice Husk- Wikipedia, darmowa encyklopedia. Dostępny 23 sierpnia 2015 roku.

Yang H.S., Kim H.J., Son J. Park K.J., Lee B.J. i Hwang T.S. (2004). Rice Husk Flour Filled Polypropylene Composites; Mechanical and Morphological Study,*Science Direct,* str. 305-312.

DODATKI

A.1 Analiza łusek ryżowych

A.1.1 Zawartość popiołu

Temperatura = 700°C

Masa próbki = 1g

Masa pustego tygla = 32,13 g

Masa próbki + tygiel przed ogrzewaniem (Wo) = 33,13 g

Masa próbki + tygiel po ogrzaniu (Wf) = 32,45 g

$$\% \text{ Zawartość popiołu} = \frac{Wf}{Wo} \times 100$$

$$= \frac{33.13 - 32.45}{1} \times 100$$

$$= 68\%$$

A.1.2 Zawartość wilgoci Wynik

Waga płytki Petriego (Wp) = 35,64g

Masa próbki (Wo) = 2g

Odstęp czasowy = 10 minut

Tabela A.1 Wyniki badania zawartości wilgoci w popiele łuski ryżu

Waga początkowa (g)	**Masa końcowa (g)**	**Rzeczywista masa próbki (Masa końcowa−Wp)**
37.64	37.64	2.00
37.64	37.64	2.00

37.64	37.61	1.97
37.61	37.61	1.97
37.61	37.61	1.97

$$\% \text{ Zawartość wilgoci} = \frac{Wo-Wch}{Wo} \text{ x } 100$$

$$= \frac{2-1.97}{2} \text{ x } 100$$

$$= 1.5\%$$

A.1.3 Zawartość lotna

Temperatura = 700°C

Masa próbki (W^I) = 2g

Masa próbki po ogrzaniu (Wp) = 1,98g

Czas nagrzewania = 10 minut

$$\text{Zawartość lotna} = \frac{(2-Wp)}{W^I} \text{ x } 100$$

$$= \frac{2-1.98}{2} \text{ x } 100$$

$$VC = 1\%$$

A.1.4 Char Yield

$$Ych = 100\frac{Wp}{W^I}$$

$$= 100\,\frac{1.98}{2}$$

$$Ych = 99\%$$

A.1.5 Węgiel stały

$$FC = \frac{(Ych - U - Vc - Ash)}{Ych}\,\%$$

$$= \frac{99-1.5-1-68}{99}$$

$$= 28.8\%$$

A.1.6 Oznaczanie objętości porów

Masa próbki początkowej = 2 g

Masa próbki końcowej = 2,75 g

Czas wrzenia = 15 minut

Czas suszenia = 30 minut

Temperatura = 45°C

Gęstość wody = 998 kg/m3

Objętość rudy $= \frac{2.75-2}{998}$

$= 0.08\%$

A. 2 Analiza wariancji wypełniacza

Tabela A.3: Próba gęstości dla pianki skrzynkowej

Sformułowanie	**Zawartość wypełniacza (%)**	**Długość (m)**	**Szerokość (m)**	**Grubość (m)**	**Msza św. (kg)**	**Gęstość zaludnienia (kg/m^3)**
A	0	0.402	0.410	0.061	0.180	17.9
B	100	0.394	0.401	0.049	0.179	23.1
C	200	0.401	0.311	0.051	0.153	24.1

Tabela A.3 Test twardości dla pianki skrzynkowej

Sformułowanie	**Zawartość wypełniacza (%)**	**Twardość (N)**
A	0	144
B	100	126
C	200	98

Tabela A.4 Test na ściskanie dla pudełka Pianka

Sformułowanie	Zawartość wypełniacza (%)	Zestaw ciśnieniowy (%)
A	0	7
B	100	5
C	200	5

A.4 Analiza wariancji silikonowej

Tabela A.5 Badanie gęstości pokazujące zmiany w silikonie Stosowane

Sformuł owanie	Zawarto ść silikonu (%)	Długość (m)	Szeroko ść (m)	Grubość (m)	Msza św. (kg)	Gęstość zaludnie nia (kg/m^3)
D	0	0.409	0.400	0.044	1.062	148
E	5	0.402	0.384	0.046	0.219	31
F	10	0.411	0.392	0.054	0.175	20

Tabela A.6 Wynik twardości pokazujący różnice w zawartości silikonu

Sformułowanie	Zawartość silikonu (%)	Obciążenie zrywające (N)
D	0	NIE DOTYCZY
E	5	147
F	10	135

Tabela A.7 Test zestawu do ściskania na zmienność silikonu

Sformułowanie	Zawartość silikonu (%)	Zestaw ciśnieniowy (%)
D	0	NIE DOTYCZY
E	5	7
F	10	6

Spis treści

Printed by Books on Demand GmbH, Norderstedt / Germany